U0597424

老话儿王

那些口口相传的处世金句

涂柏生　李雪峰——编著

人民邮电出版社

北　京

图书在版编目（CIP）数据

老话有理：那些口口相传的处世金句 / 徐柏生，李
雪峰编著. -- 北京：人民邮电出版社，2025. -- ISBN
978-7-115-66916-2

I. B821-49

中国国家版本馆 CIP 数据核字第 2025FZ1712 号

内 容 提 要

本书是汇聚了老一辈人智慧结晶的"人生智慧锦囊"，旨在通过生动有趣的漫画形式，展现并传承千百年来流传在民间的智慧与哲理。

全书内容涵盖了个人成长、为人处世、家庭生活等多个层面，细分为学习励志篇、勤劳节俭篇、为人处世篇、人生智慧篇、生活经验篇和健康养生篇六大板块，每一板块都蕴含着丰富的智慧与启示。在呈现方式上，本书采用了图文并茂的编排形式，精致美观。每一句人生哲理都有精美的配图说明，更加生动有趣，便于读者理解与接受。另外，随书附赠俗语集锦小册子，供读者翻阅。

本书不仅适合对中华优秀传统文化感兴趣的成年读者，也适合青少年读者阅读。通过阅读本书，成年读者可以在忙碌的生活中找到一份宁静与智慧，而青少年读者则可以在轻松愉快的氛围中汲取成长的力量，找到人生的方向与目标。

◆ 编　　著　徐柏生　李雪峰
　　责任编辑　张　璐
　　责任印制　陈　犇

◆ 人民邮电出版社出版发行　　北京市丰台区成寿寺路 11 号
　　邮编　100164　电子邮件　315@ptpress.com.cn
　　网址　https://www.ptpress.com.cn
　　雅迪云印（天津）科技有限公司印刷

◆ 开本：787×1092　1/32
　　印张：5　　　　　　　　　　2025 年 5 月第 1 版
　　字数：186 千字　　　　　　 2025 年 5 月天津第 1 次印刷

定价：49.80 元

读者服务热线：(010)81055410　印装质量热线：(010)81055316
反盗版热线：(010)81055315

隽永的文字，轻松的画面，每一幅作品都仿佛闪耀着人类智慧的光辉，浸润着作者深沉的爱意。好书就要广为流传，让世人皆知。

朱森林 著名漫画家 代表作《大大可笑糖》《坏老头》

涂柏生老师是我认识多年的好友、画友。今天，看到涂老师这本新作，一幅幅生动有趣的画面，一段段似曾相识的对白，勾起了我许多回忆。涂老师以其独到的创意，借由奶奶与孙子温馨互动的场景，运用简约而不失韵味的水墨风技法，以及精心的画面布局，将一句句朴实无华却蕴含深厚哲理的中国民间老话，巧妙编织成一部令视觉与心灵双重享受的作品。正所谓"不听老人言，吃亏在眼前"，这些话似乎要长大以后才能慢慢明白。

在我看来，这本书不仅仅是一本趣味横生的漫画作品，更是对中国民间智慧的深情致敬与传承。它让我们在享受漫画带来的轻松和快乐之余，更能深刻体会那些简单话语背后蕴含的深意与哲理，促使古老的智慧在新时代的阳光下焕发出更加耀眼的光芒。

林敏 著名漫画家 代表作《钟馗传奇》

此书中的每一幅画都简约精美，每一句对白如晨钟暮鼓，蕴含着深刻的哲理，画面与话语搭配令我沉醉其中。在此诚意推荐给大家，希望大家喜欢！也祝本书大卖！

袁伟江 著名漫画家 代表作《豌豆》

亲爱的奶奶是幸福与温暖的永恒象征。这套漫画，如同一把钥匙，轻轻旋开了记忆之门，引领我们回到那遥远的童年时光，不仅满载着对往昔的深情回望，更深刻表达了作者内心对于传统文化的崇敬与传承之愿。

艺术是相通的，是构建精神世界的主体建筑。无论是绘画、诗歌，还是小说，都巧妙地运用夸张、比喻与象征的手法，捕捉并传达着事物的内在精髓与时光的流转印记。这套漫画正是这样一座标志性的艺术建筑，它以独特的笔触，勾勒出一幅幅温馨而又深刻的画面，让每一位观者都能在其中找到共鸣。

苏小青 中国作家协会会员

前言

　　一直想画一些关于童年记忆的漫画，脑海中也时常浮现童年时的画面。作为"60后"，我亲历了一个物质尚未充裕、生活节奏缓慢的时代。那时，食物、衣物乃至日常用品，大多需凭票证换取，夜晚时常停电，娱乐活动稀缺，人们早睡早起。日子虽显单调，却在记忆中显得弥足珍贵。

　　细想起来，童年的快乐竟是如此简单。口袋里揣着两块糖果，便能高兴一整天；穿上新衣，便觉得自己是世间最幸福之人。生活虽然简朴，但是依旧展现着它的丰富多彩。油盐酱醋间弥漫着生活的烟火气，邻里亲朋的注来折射出深厚的人情世故。尤为难忘的，是与奶奶和姥姥共度的每一刻。她们虽未受过多高的文化教育，却对人情世故了然于胸。她们的话语，虽不是书卷中的金句，却蕴含着深刻的道理，直白而生动，因贴近生活而更具说服力。

　　做饭时，奶奶会说："和面要三光，手光、面光和盆光。"散步时，姥姥会说："饭后百步走，活到九十九。"打扫时，姥姥又会说："不动笤帚地不光，不动锅铲菜不香。"这些话语，突然在某个清晨，清晰地映入我的脑海——它们，不正是流传千年的民间俗语吗？这些在劳动人民间口口相传的语句，深藏着生活的真谛与人生的智慧。它们将复杂的道理呈现得生动鲜活、朗朗上口。这是一座多么巨大的文化宝藏啊！

　　俗语，这一民间文学的瑰宝，以韵律和谐、朗朗上口的特性，承载着劳动人民的智慧与生活哲理，代代相传。它们看似浅显，却蕴含着深刻的人生智慧。洞察人情世故，评说人间善恶，给人以激励或劝诫，引人深思，令人警醒。

　　俗语因贴近生活而充满画面感，活泼俏皮，生动有趣，与漫画这一艺术形式相得益彰。于是，我以俗语为内容核心，结合个人童年记忆，塑造了奶奶与小宝两个漫画角色，继而创作了一系列漫画作品。在创作过程中，搜集整理这些散落民间的俗语，是一项既繁杂又耗时的任务。不仅要投入大量时间去搜集，还要翻阅各类典籍进行核实，甚至随身携带小本子，随时记录新听到的俗语。

　　功夫不负有心人，我的漫画得到了身边老师、朋友的认可与鼓励，发布到网络上后也得到了众多网友的喜爱与支持。后来在杂志上连载，并入选"神笔开悟——2023第四届丁聪全国漫画插图大展"，还被街道办事处作为家风家训展示，甚至登上多家数字收藏平台。这些荣誉与成就，给予了我莫大的鼓舞与坚持的动力。

　　如今，这套漫画仍在持续创作与整理中，我也在不断学习与改进。值此漫画成册出版之际，我衷心感谢李雪峰老师为漫画精心撰写的文字，以及出版社编辑的认可与辛勤付出。愿这些流传千年的宝贵话语，通过这套漫画，触动更多人的心灵，继续传承下去。

涂柏生

2024年12月

目录

先有鸡？
先有蛋？

壹

学习励志
篇

千学不如一看
千看不如一练

老话有理

奶奶说："知识是一座宝库，实践是开启宝库的金钥匙。亲自去做的事印象才深刻，感受才深切，经验增长才迅速。"

陆游所作教子诗《冬夜读书示子聿》中有言："纸上得来终觉浅，绝知此事要躬行。"实践出真知，学习获得的知识是浅层次的，只有自己吃过苦、碰过壁、走过弯路，才能真正明白其中的道理，进而发现属于自己的"新大陆"。

头顶天
脚踏地
人生全在一口气

奶奶说："树活一张皮，人争一口气。这口气是骨气和正气，是志气和勇气，更是堂堂正正做人、清清白白做事的底气。有了这口气，就没有什么苦难能打败你。"

　　不认输的人才能赢。面对困难和挑战时，不认输的精神能激发自身毅力，让我们积极面对困难，勇于接受挑战，通过自我激励和实践努力最终实现自己的目标。

书本不常翻 犹如一块砖

奶奶说："衣服越穿越旧，书本常读常新。书本不读，放在那里就是一堆废纸，还不如一块砖头结实、有用呢！"

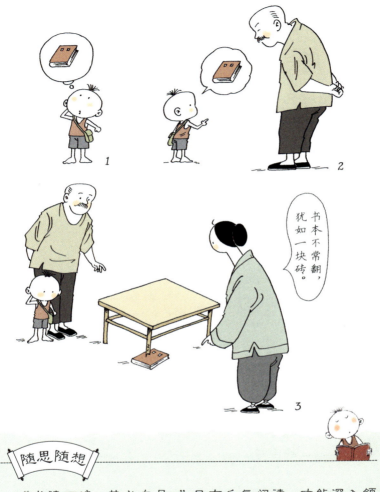

书本不常翻，犹如一块砖。

1

2

3

随思随想

"书读百遍，其义自见。"只有反复阅读，才能深入领会书中的含义和道理。正如宋代理学家朱熹所作文章《读书须有疑》中所言："读书，始读，未知有疑；其次，则渐渐有疑；中则节节有疑。过了这一番，疑渐渐释，以至融会贯通，都无所疑，方始是学。"

天上下雨地上滑
自己跌倒
自己爬

老话有理

奶奶说:"失败的终点往往就是成功的起点,跌倒再爬起来的过程就是成长。"

跌倒不可怕，畏惧才是最大的敌人。做人要有独立自主、自强不息的精神，有重新出发的勇气和毅力。

刀不磨要生锈
人不学要落后

老话有理

　　奶奶说："活到老学到老，学习是终身的，没有谁能够不学习，不断学习才能跟上别人的脚步。即使在自己的优势领域，如果不学新知识，不长新本领，只靠'吃老本'，最终也会被别人超越，甚至被淘汰。"

随思随想

　　北齐文学家颜之推所作《颜氏家训·勉学篇》中有言："积财千万……无过读书也。"现代社会更是一个学习型社会，只有保持知识和技能的不断更新，才能在竞争中生存下来。

蜂采百花酿甜蜜
人读群书明真理

老话有理

奶奶说："读书就是向'高人'借本事。这个'借'和借钱的'借'可不一样，借来的钱得还，借来的本事不仅不用还，还能帮你生利息呢！"

随思随想

近代杰出诗人臧克家有言："书读得越多，眼界越宽，而所得也越多。我读书很杂，经史子集、诸子百家、诗词歌赋都喜欢翻翻读读。读书，以我为主，学习古文，但不迷信古人。读，是吸取营养注肚子里添东西，含英咀华，其乐无穷。"

读书不想 隔靴搔痒

老话有理

奶奶说："囫囵吞枣能知道枣是什么味道吗？用心读书，仔细琢磨，书里的每个字能值千金。不用心读书，书还是书，书里的知识永远是别人的。"

 随思随想

吃饭不嚼不知味，读书不想不知意。停留在表面的知识是空洞的、缺乏创造力的，只有不断地思考和实践，才能理解知识，掌握知识，知识才能变得有"力量"。

人起不自己不争气
不怕别人瞧不起就怕自己不争气

老话有理

奶奶说："不为失败找借口，只为成功找方法，这就叫作'争气'。人们常说'要面子'，其实'面子'这个东西不是'要'来的，是别人主动给你的。只要你有本事，自然就有了'面子'。"

随思随想

"争气"不仅仅是一种态度，更是一种力量。人不能活在别人的眼光里，自己的世界要由自己来做主。获得他人尊重和认可的最好方式是通过努力让自己变得更强大。

天不生
无用之人
地不长
无名之草

老话有理

奶奶说："看似微不足道的小草，也能给大地增添一抹绿色。每一个人不管成就大小，也不论地位高低，都有其独特的价值。"

随思随想

每个人都有自己独特的价值和作用。一个人不要总是抱怨自己一无所长，厌弃自己是个无用之人。人生在世，无论是贩夫走卒还是权贵富贾，都有各自的社会价值。社会应该尊重个体的差异性和多样性，给予每个人平等的机会和待遇，让每个人都能展现自己的才华和能力。

泉水挑不干 知识学不完

老话有理

奶奶说:"学习能力是一个人真正的看家本领。学习是没有终点的旅行,在学习的道路上,谁停下来,谁就落伍了。"

随思随想

清代散文学家刘开所作文章《问说》中有言:"理无专在,而学无止境也,然则问可少耶?"无论何时何地,学习都是一个持续的过程,没有终点。在如今的知识经济时代,科技发展和知识更新迅速,就更需要我们有持之以恒的学习精神,才能保持知识结构与实践要求相匹配。

不经一番寒彻骨
怎得梅花扑鼻香

老话有理

　　奶奶说："那些吃过的苦、受过的累，会成为夜空中闪亮的星星，指引你成为更优秀的自己。就像麦苗，必须经得住风吹、雨淋和日晒，低得下头，沉得下心，才能长出沉甸甸的麦穗，迈向成熟。"

随思随想

　　唐代著名僧人黄檗禅师所作《上堂开示颂》中有言："尘劳迥脱事非常，紧把绳头做一场。不经一番寒彻骨，怎得梅花扑鼻香。"无论在多么难熬的时刻，只要坚持下来，终能得到你未来引以为傲的"勋章"。不怕困难坎坷，不畏艰难险阻，才能成就一番事业。

不怕没机会
就怕没准备

老话有理

奶奶说:"机会像天上的星星一样多,但是你不准备好,就算掉下来你也接不住啊!机会不可能主动来敲你家的门,只能你自己去找它。真正的机会掌握在少数人手里,就像风一样,只有善于利用风的人才可以让风成为发电的动力。"

随思随想

机会偏爱有准备的头脑,不要羡慕别人的好运气。那些安于现状的人越来越懒,运气自然会越来越差,只有勇于尝试、持之以恒才能赢得机会,就像飞着的鸟更有可能捕获食物一样。

秀才不怕衣衫破就怕肚里没有货

老话有理

奶奶说："从前，有个富人经常让仆人把书搬到太阳下晒以避免虫蛀，借此炫耀自己有学识。这天，一个衣衫破旧的书生躺在书的旁边。富人问：'你干吗？'书生笑着说：'我也晒书。'富人不解地问：'你的书在哪里呀？'书生拍了拍自己的肚子说：'我的书在这里面。'所以我们看人不能只看外在，还要看到底有没有真才实学。"

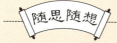

随思随想

所谓"褴褛衣内可藏志"，无论何时，无论身处何地，只要拥有真才实学，就能闯出属于自己的一片天地。

浪再高
也在船底
山再高
也在脚底

老话有理

奶奶说："人能让高山低头，能让河水让路。只要坚持到底不放弃，相信、认可自己的能力，有决心和勇气，就一定能找到解决困难的办法。"

随思随想

所谓"自信与骄傲有异；自信者常沉着，而骄傲者常浮扬。"自信是人的内在动力，可以激发潜能，化平凡为神奇。

黑发不知勤学早
白首方悔
读书迟

老话有理

奶奶说："书田无税应勤耕，学习和快乐像一只手的正反面，越早努力学习，越早收获快乐。积极行动起来，珍惜现在，任何时候开始学习都不晚。"

随思随想

唐代诗人颜真卿所作《劝学诗》中有言："三更灯火五更鸡，正是男儿读书时。黑发不知勤学早，白首方悔读书迟。"没有任何理由不学习，也不要为自己找任何借口，勤奋学习才能有所作为，成功是时间和行动二者共同作用下结出的果实。

勤劳节俭 篇

日储一勺米
千日一石粮

老话有理

　　奶奶说："通过积累，普通人也能做出不普通的事。知识和能力都是一点一点积累起来的，再长的路，一步一步走下去也能走完，再近的距离，躺在床上不迈开双脚也不可能到达。"

荀子所作文章《劝学》中有言："骐骥一跃，不能十步；驽马十驾，功在不舍；锲而舍之，朽木不折，锲而不舍，金石可镂。"从古至今，人们都是通过不断积累和探索获得新知识、学习新技能和增强竞争力的。

幸福生活双手造
馅饼不会
天上掉

　　奶奶说："天道酬勤，勤兴业，懒败家。万丈高楼平地起，努力奋斗是根基。每一滴汗水，都是通往幸福生活的基石。"

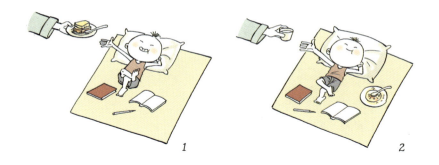

1

2

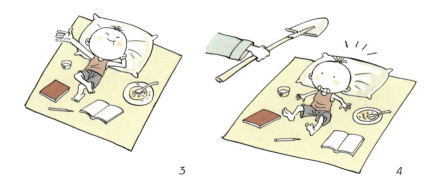

3

4

随思随想

　　唐代文学家韩愈所作文章《进学解》中有言："业精于勤，荒于嬉；行成于思，毁于随。"幸福生活是奋斗出来的，并且需要持续奋斗去守护，不能寄希望于不切实际的幻想或意外之财。

种瓜能得瓜
不种能得啥

老话有理

奶奶说："一粥一饭汗珠换，勤劳致富是千古不变的真理。付出怎样的努力就会得到怎样的回报，只有勤劳播种的人才能收获美好的生活。"

随思随想

一个好逸恶劳的人不会遭遇失败，也绝对不会成功。万事万物都有因果，不同的选择、不同的行为必然会产生不同的结果。

衣服不洗要脏
种田不犁要荒

老话有理

奶奶说："世间万事万物都有因果，种下勤劳的种子，才能收获甜美的果实。自己不努力，谁也给不了你想要的生活。"

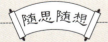

随思随想

人生从来没有所谓的"好运气"，没有谁活得容易，只是有的人在大声地抱怨，有的人却在默默地努力。

学问勤中得 富裕俭中来

老话有理

奶奶说："勤劳和节俭是致富的两个必要手段，缺一不可。学问和技能要通过勤奋学习才能获得，生活通过开源节流、合理规划也可以慢慢变得富足。"

随思随想

个人的成功和财富的积累都需要通过勤劳和节俭这两个手段来实现。只有保持勤奋的学习态度，不断追求进步，才能实现自己的目标和梦想。只有秉持节俭的生活态度，不浪费自己拥有的资源，为未来的生活和事业不断积累"本金"，才能过上幸福而富裕的生活。

节约好比燕衔泥 浪费好比河决堤

老话有理

奶奶说："辛苦得来的果实，不要一口气把它吃完。节约像燕子衔泥，积少成多非常不易；浪费则像河水决堤，一发不可收拾。"

随思随想

"兴家犹如针挑土，败家好似浪淘沙。"古人常说"富不过三代"，奢靡、浪费的作风会腐蚀人的灵魂，侵害人的意志，最终导致价值观变得扭曲。

滴水能成河
钱少积久多

奶奶说："无论多小的行动，长时间积累也能产生显著的效果。人生浪长，不要急于求成，平平淡淡才是真实、长久的生活。"

一个小小的决定或行动都可能对未来产生深远的影响。把握每一次机会，珍惜每一分成绩，不断努力，就能积聚出巨大的成功。

不怕吃饭拣大碗
就怕干活爱偷懒

老话有理

奶奶说："对一匹懒惰的马来说，拉一辆空的马车也是沉重的。只有改正'好吃懒做'的习惯，才能稳步前行。"

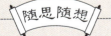随思随想

不拘泥小节，大胆追求美好生活本身没有错，但如果一味拈轻怕重、偷懒耍滑，只会导致个人的发展停滞不前。

一粒米　千滴汗
粒粒粮食汗珠换

老话有理

奶奶说："爱惜粮食是我们中华民族的传统美德，让勤俭节约的好风气世代传承，共建文明、和谐的社会！"

随思随想

明末清初理学家朱柏庐所著《朱子家训》中有言："一粥一饭，当思来处不易；半丝半缕，恒念物力维艰。"拒绝"剩宴"，践行"光盘行动"，俭以养德方能彰显中华赫赫文明。

叁

为人处世

篇

多下及时雨 少放马后炮

老话有理

奶奶说："锦上添花固然可喜，雪中送炭更加可贵。帮助他人是一种美德，也是个人价值的体现，能够及时为他人提供帮助的人一定不是一个虚假、伪善的人。"

及时雨可以让枯萎的花重新绽放。当看到他人面临困境时，应尽力提供帮助，而不是看人笑话，或是当"事后诸葛亮"，通过指责他人来表现自己的预见性。

宁做蚂蚁腿 不学麻雀嘴

老话有理

奶奶说："与其挂在嘴上，不如落在手上，光说不干事事落空，少说多干才能马到成功。空谈想法没有什么价值，积极行动起来才能战胜困难。"

行动的力量胜过空洞的言语。正如《周易》所言："吉人之辞寡，躁人之辞多。"有素质、有真才实学的人通常话语较少，不善表现。性情浮躁的人往往滔滔不绝，但从不付诸行动，因此失去了进一步思考和提升的机会。

好事不背人
背人没好事

老话有理

奶奶说："当面锣对面鼓，有话当场说清楚。做光明正大的事情不用背着人，背着人做的事情肯定也不是什么好事。"

1

2

3

4

5

6

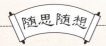 随思随想

　　明明白白做人，坦坦荡荡做事。背着人做的事情注注是有悖道德的，要遵循诚实守信的道德底线，公开、公平、公正地待人接物。

矮人看戏何曾见
都是随人说短长

老话有理

奶奶说："眼见为实，耳听为虚。不要轻信传言，我们要通过亲自观察获取真实的信息，不是亲眼所见的事情绝对不能到处乱讲。"

不能被表面现象所迷惑，要通过切身观察和思考来了解真实情况，谨慎、理性地做出判断。不可鹦鹉学舌，人云亦云。正如清代文学家赵翼所作《论诗五首·其三》所言："只眼须凭自主张，纷纷艺苑漫雌黄。矮人看戏何曾见，都是随人说短长。"

有借有还
再借不难

老话有理

奶奶说："良心是本，诚信是金。做人做事要有良心、守信用，才能得到别人的信任，在你遇到困难时，别人才愿意帮助你。"

1

2

3

4

5

6

东汉文字学家许慎所著《说文解字》有言："信，诚也；诚者，信也。"诚信是为人之道、立身之本，不仅是个人品质的体现，还是社会和谐发展的基石。

来说是非者
便是是非人

奶奶说："遇到爱打听闲事、搬弄是非的人，要敬而远之。他们说的话基本没有什么价值，不值得浪费自己的时间去听。"

　　总是搬弄是非的人不可深交，他们很容易引起纷争，不仅不会赢得他人的尊重，还会在不知不觉中给身边的人带来麻烦和困扰。

吃人的嘴软
拿人的手短

老话有理

奶奶说:"那些主动给你好处的人都是想利用你来做一些事情,一旦你接受了他给的好处,就丢弃了自己的原则,说话、办事就得看他的脸色。"

"德以行为先。"播种正确的行为，才能收获好的习惯；播种好习惯，才能收获优秀的性格；播种优秀的性格，才能收获美好的人生。在人际交注中要保持一定的独立性，涉及原则性问题时更要坚守自己的立场，不因小利而失大节。

可怜之人必有
可恨之处

老话有理

奶奶说:"同情弱小、帮助他人是美德。可有的人是屡教不改的'假可怜',好吃懒做的'装可怜',好心用到他们身上就用错了地方、用错了人。"

随思随想

《孟子·告子章句上》有言："恻隐之心，仁也；羞恶之心，义也；恭敬之心，礼也；是非之心，智也。"人不仅要有"恻隐之心"，也要有"是非之心"，不能滥用同情心。

人往大处看
鸟往高处飞

老话有理

　　奶奶说："如果躺在地上，你会觉得小土坡是一座大山。在人生的道路上，我们要学会登高望远，在宽广的视野下树立远大的志向，才能不被一时的困难吓倒，奔赴更加美好的生活。"

"会当凌绝顶，一览众山小。"我们要通过不断学习、思考和实践建立起远大的志向和开放的格局，这样才能看得远、看得透，才能有所成就。

有多大的脚
穿多大的鞋

老话有理

奶奶说："任何东西，大有大的好，小有小的妙。人要认清自己的状况，找到适合自己的'鞋子'，大小适宜才是真的好。"

做事一定要量力而行，自己有多大能耐就干多大的事情，不能打肿脸充胖子。然而"当局者迷"，了解自己并不是一件容易的事情，因此可以通过自我评价、尝试新鲜事物和倾听他人的反馈等方法来认清自己、判断自己的能力。

为人不做亏心事
半夜敲门
心不惊

老话有理

奶奶说："老话讲'人在做，天在看'，'若要人不知，除非己莫为'，待人处事要懂得敬畏，违背良心的事情是万万不能做的！"

"行得正，坐得端。"内心的平静和安宁来自正直的品格修养和良好的道德行为。一个人如果行为正直，能分善恶、辨是非，不做违背良心的事情，那么就能问心无愧。

脱缰的马儿
能追回
伤人的话语
收不回

老话有理

奶奶说："能管好自己的舌头是一种美德。在发生冲突时，再占理的事也要懂得忍让，说难听的话不能解决问题，只会加深矛盾。所谓'恶语伤人六月寒'，有时候不经意说出口的一句恶语可能会让别人记恨你一辈子。"

064

随思随想

愤怒是一种情绪，合理表达愤怒是一种被允许的行为，但要保持逻辑清晰，具体、清楚地表达你的感受和理由，做到有礼貌、有理由、有节制。

退一步海阔天空 忍一时风平浪静

老话有理

奶奶说："老话说'和气生财'，宽容，看起来是让利于他人，实际上是解脱了自己。宽容和忍让不是懦弱，更不是逃避，而是放下苛责的心，把精力更多地用在自身能力提升上。让人，也是让己，成就他人，也是在成就自己。"

随思随想

明代学者洪应明所著《菜根谭》有言："路径窄处留一步，与人行；滋味浓的减三分，让人嗜。"留一步、让三分是一种聪明的选择，面对矛盾和冲突时，适度地忍耐和退让不仅可以展现自身的宽容和大度，还可以为冲突双方创造和谐、轻松的环境，促进双方冷静思考，更好地解决冲突、化解矛盾。

最小的善行胜过最大的善念

老话有理

奶奶说："行动胜于空谈，一次小小的行动胜过一千次的计划。行动不一定能带来立竿见影的回报，但肯定能让人离成功更近一步。"

随思随想

宋代理学家朱熹所著《朱子语类》中有言："知之愈明，则行之愈笃；行之愈笃，则知之益明。"无论目标多么宏伟，没有行动就无法实现，只有在行动过程中不断调整计划和完善认知，才能取得更好的成果。

水落现石头
日久见人心

老话有理

奶奶说:"时间是个过滤器,能帮你过滤掉虚情假意。人心隔肚皮,最难以看透的就是人心,只有相处久了才能看清身边人原本的模样。"

随思随想

凡事贵在长远,人心深似海,日久见真情。《孟子·万章下》有言:"人之相识,贵在相知;人之相知,贵在知心。"真诚是人与人之间友谊的桥梁,做到不讨好别人、不委屈自己,才能建立健康的人际关系,收获真朋友。

吃饭不忘
种谷人
饮水不忘
掘井人

老话有理

　　奶奶说："蜜蜂采蜜的同时，会帮助花朵授粉以表达感恩，做人更要懂得感恩。感恩是一种美德，是爱和善的源泉，在人与人之间传递着世间的温情。"

随思随想

　　《诗经》有言："哀哀父母，生我劬劳。"父母生养子女非常辛劳，我们要铭记父母的恩德，回报、孝敬父母。对一切事物常怀着感恩之心，就能发现生命中更多美好的风景，人生之路也就更加精彩。

宁可一日没钱使
不可一日坏行止

奶奶说:"'恶'是一颗种子,小种子能生大果。虽然一个微小的恶念对他人的损害可能比较轻微,但日积月累就会变成一笔难以偿还的'心债'。"

随思随想

再穷再苦,也不能违背道德底线,做伤害别人的事情。人生难免遭遇困境,吃些苦并不可怕,咬咬牙总是可以挺过去的。可一旦做了坏事,原本健全的人格就会出现不可逆的损伤。

问路多施礼
少走二十里

奶奶说:"礼貌和微笑没有成本,但有无限力量,能够给人带来好运。言行举止像一个人穿在身上的衣服,不可太过宽松也不可过于紧绷,得体很重要。言行得体的人更容易受到他人的喜爱和尊重,也更容易建立起和谐的人际关系。"

随思随想

懂礼貌是与人友好相处的金钥匙。《管子·五辅》有言:"夫人必知礼然后恭敬,恭敬然后尊让。"人无礼不立,事无礼难成。讲礼貌像一面镜子,能够反映出一个人能力的强弱和思想道德水平的高低。

人在好时
莫得意
鲜花再艳
有败时

老话有理

奶奶说："得意忘形是愚蠢的开始。得意时张狂、炫耀的人在旁人来看就像个小丑，不仅让人厌烦，还可能招来嫉妒或仇视。"

随思随想

人生如逆水行舟，不进则退。停在原地骄傲自满、孤芳自赏，只会让你越来越看不清现实，认不清自己，最终走向失败。

人生智慧篇

不是你的财
不落你的袋

　　奶奶说："贪财的人终会付出巨大的代价。贪财的人过于关注自身利益，不顾及他人感受，占人便宜，必然会被人轻视，所以朋友会越来越少，道路也会越走越窄。诚信、靠谱的人必然会被人尊重、信任，朋友会越来越多，道路也会越走越宽。"

贪婪是万恶之源。贪婪的人不思进取，总想着投机取巧、一夜暴富，但是只有通过正当途泾获取的财富才具有合法性和可持续性。"君子坦荡荡，小人长戚戚。"不贪图不属于自己的东西是最基本的道德底线，坚守道德底线，人生道路方能行稳致远。

一心想赶
两只兔
反而落得
两手空

老话有理

奶奶说："贪心的结果是得不偿失，目标定得太多反而会失去原本可以得到的东西。"

1

2

3

4

《荀子·劝学》有言："蚓无爪牙之利，筋骨之强，上食埃土，下饮黄泉，用心一也。蟹六跪而二螯，非蛇鳝之穴无可寄托者，用心躁也。"追求多个目标可能导致精力分散、压力增大，或终无所获。做事应该专注一个目标，全力投入，以期实现。

有了千钱
想万钱
有了万钱
想成仙

奶奶说:"树怕空心,人怕贪心。房宽地宽不如心宽,欲望是无止境的,人要学会知足。"

随思随想

　　司马光所作文章《训俭示康》中有言："君子寡欲，则不役于物，可以直道而行。"一味沉迷物质，就会成为物质的奴隶。物质的索取必须有度，如果永远不知足，那么最终会被金钱吞噬人性，甚至还会受到法津的制裁。

人生哪能多如意
万事只求半称心

老话有理

奶奶说："一年四季，季季不同。顺心如意的事业可能突遇挫折，许诺相伴余生的老伴也可能骤然离世。在面对生活的种种不如意时，我们要保持一颗平常心，不强求完美，而是学会坦然地接受和适应。只要尝试过、拼搏过，不给自己留下遗憾就可以了。"

人生哪能多如意，
万事只求半称心。

1

2

3

4

　　《菜根谭》有言："宠辱不惊，闲看庭前花开花落；去留
无意，漫随天外云卷云舒。"完美是一种理想的追求，但又
有谁能达到完美的境界呢？

烦恼不寻人
人自寻烦恼

先有鸡？
先有蛋？

老话有理

奶奶说："只要你自己快乐，没人能让你不高兴。但是如果你自己想不开，谁也没办法把你哄高兴。学会调整心态很重要，一个好的心态能给人带来好运和幸福。"

心态决定命运！调整好自己的心态，不仅能减少无谓的忧愁和烦恼，还能不惧困难和挑战，热情地拥抱、享受生活。

常将有日思无日
莫把无时当有时

老话有理

奶奶说："居安思危，方能长久。在生活富足的时候，注意节约，不要浪费，不要等到一无所有的时候再去回想以前的美好生活。"

随思随想

唐代政治家魏徵曾说："居高思危，盛满戒溢。"居安思危是一种智慧，更是一种生存之道。未雨绸缪，珍惜眼前所拥有的，时刻保持清醒的头脑，才能在变幻莫测的世界中立于不败之地。

羡慕别人
嘴里的
不如珍惜
自己手里的

奶奶说："羡慕别人本身没有错，但如果变成嫉妒别人，随之而来的怨恨、消极的情绪只会浪费自己的时间和精力。正确的做法是赶快行动起来，向别人学习、看齐。"

1

2

3

4

5

6

　　"临渊羡鱼，不如退而结网。"把愿望转化为行动，发现并挖掘自己的闪光点，就能获得更多的快乐和成就。

什么藤结什么瓜
什么树开什么花

老话有理

奶奶说："有根才开花，有蔓才结瓜。无论做任何事情，都要有坚实的基础和正确的方向，才能结出丰硕的成果。"

一切事物的发展和结果都有其根由。近代出版家邹韬奋先生有言："自觉心是进步之母，自贱心是堕落之源，故自觉心不可无，自贱心不可有。"

花到开时自会开
蝶闻花香蝶自来

老话有理

奶奶说："车到山前必有路，船到桥头自然直。顺其自然是一种智慧，更是一种境界。不为昨天叹息，也不为明天忧虑，做好自己，静待花开，自在如风，悠然自得。"

花到开时自会开。

蝶闻花香蝶自来。

鲜花再艳有败时。

这都是自然而然的。

　　"但行好事，莫问前程。"专注做好自己当下的每一件事，不盲目跟风，保持独立思考的能力。不活在别人的看法中，不过于执拗。脚踏实地，自然就能走出属于自己的道路。

枯树无果实 空话无价值

奶奶说:"只靠一张嘴夸夸其谈却丝毫不做实事的人,是虚伪的,他说的话也是毫无价值的。"

枯树无果实，空话无价值。

1

2

　　《荀子·修身》有言："道虽迩，不行不至；事虽小，不为不成。"做人做事，最怕的就是只说不做、眼高手低。老老实实做人、踏踏实实做事才能有所成就。

教子光说好
后患少不了

奶奶说："孩子，是一个家的期盼，也是一个家的未来。教育孩子要鼓励和表扬，也要及时指出孩子的错误和不足，帮助孩子形成正确的价值观和行为模式，避免未来因为缺乏正确的引导而出现一系列问题。"

溺爱等同于戕害。玉不琢不成器，只有通过教育，孩子才能成为对社会有用的人。北宋思想家李觏所著《广潜书》中有言："善之本在教，教之本在师。"教育孩子要选择恰当的方式和方法，正确的引导和适当的批评都是不可或缺的，如果只强调好的方面而不指出错误，将来可能会引发严重的后果。

睡着的人好喊 装睡的人难喊

奶奶说："一个人蒙住自己的眼睛和耳朵，不回应外界的呼唤，就认为别人都看不出来。这种自我欺骗的行为会让关爱你的人感到失望，还会让自己失去成长的机会。"

随思随想

从心理学的角度来看，"装睡"是人的一种心理防御机制，其深层原因是不想面对"醒来"后的现实。对于"装睡"的人，我们要用真诚的态度接近他们，通过耐心的沟通和鼓励，用爱心和智慧引导他们走出心理误区，勇敢面对真实的自我。

孩儿不教
不成人
庄稼不管
无收成

老话有理

奶奶说："教育是父母与孩子共同成长的一段旅程。作为家长，不仅要有无尽的爱，还要有善于倾听、交流的耐心和理解、包容的态度。"

随思随想

"树不修不直，人不教不才。"对于人来说，如果不接受教育，就难以成为有才能的人。人在成长过程中最初就像一张白纸，通过教育来获取知识、技能等，就是在纸上书写内容。教育不仅是为了传授知识，更重要的是培养孩子的品格和独立思考的能力。

097

鸟三顾而后飞
人三思而后行

老话有理

奶奶说："'三思'不是拖延或逃避，而是思考自己真实需求和考虑各种后果的过程。很多错误和遗憾都是源于冲动和盲从，'三思'能减少失误，达到事半功倍的效果。"

随思随想

"人无远虑，必有近忧。"做决定前深思熟虑有助于我们全面地权衡利弊，规避仓促行事带来的风险，是做出明智决策的前提。深度反思行为还有助于我们更加清晰地了解自己，实现自我的提升。

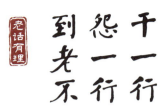

干一行
怨一行
到老不在行

老话有理

奶奶说："那些做事浮躁、沉不下心的人，总是觉得这儿不好，那儿不对，抱怨这个，埋怨那个，最终只会一事无成。"

随思随想

在任何一个行业里要想做到精通，都需要付出大量的时间和精力，不可能一蹴而就。

人不能
改变过去
但可以
改变未来

老话有理

奶奶说："过去的已经过去，无论是成功还是失败，都是既定的事情，无法改变。人生要向前看，让我们一键清除过去所有的喜怒哀乐，给未来留一个可以腾飞的空间。"

 随思随想

虽然我们无法回到过去改变已经发生的事情，但是我们可以通过对未来的规划和行动，来避免重复过去的错误，实现个人的成长和发展。

百日连阴雨
总有一朝晴

老话有理

奶奶说："连绵的阴雨虽然持续的时间很长，但总会有放晴的那一天。所以无论处于何种境地，我们都不能对生活失去信心，要相信总会有好起来的一天。"

随思随想

逆境能激发自身潜能，有利于自我成长。面对困难时，要有积极的心态和足够的耐心、信心，相信所有的困难都是暂时的，最终一定能迎来转变的机遇，找到解决的办法。

101

十个指头
有长短
世上谁人无缺点

老话有理

奶奶说："不完美就是人生的组成部分，从古至今，百分之百完美的人是没有的。承认和接纳自己的不足，对他人多一些理解和宽容，是快乐生活的小窍门。"

随思随想

"金无足赤，人无完人。"每个人的学识、能力都各有所长，多看他人的优点，不过分苛求自己，可以减少不必要的压力和焦虑情绪。

一颗星星布不满天
一块石头
垒不成山

奶奶说："一箭易断，十箭难折，众人拾柴火焰高。把自己融入集体，大家拧成一股绳，才能发挥全部的力量，才能实现巨大的成就。"

随思随想

"团结就是力量，这力量是铁，这力量是钢。"个人的力量是渺小的，集体的力量是伟大的。在集体中互相帮助，团结一致，就能汇聚出一股强大的力量，实现个人无法达到的目标。

偶然犯错
叫过错
存心犯错
叫作恶

老话有理

奶奶说："人难免犯错，偶尔做错了事情算是过失，可以得到谅解和宽恕。但是明知故犯的人必须接受惩罚，得到相应的制裁。和坏人讲道理是没有意义的，最好的方式就是拿起法律武器，保护自己的合法权益！"

随思随想

道德修养是个人修养的重要组成部分。故意犯错是违背道德原则的行为，会扰乱是非观念，破坏社会秩序和公共安全，理应受到道德谴责和法律惩罚。

伍

生活经验

篇

嘴上没毛 办事不牢

老话有理

奶奶说："经验就像一盏明灯，帮你照亮了脚下前行的道路。人生中的经历，无论成功还是失败，都是一次经验的积累。刚步入工作的年轻人不管有多高的学历，因为缺乏实践经验，所以难免会出现一些纰漏。"

　　经验是经过岁月磨砺得来的宝贵财富。如果把成功之路写成一本书，经验和阅历一定是分量最重的章节。年长者积累的人生经验中蕴含了各种真知灼见，可以帮助年轻人不再重蹈覆辙，降低犯错成本。只有保持经验和智慧并存，才能在人生的道路上行稳致远。

顺藤摸瓜
顺水求源

老话有理

　　奶奶说："解决问题的关键在于发现问题的源头。抓住线索，由浅入深，由表及里，就能找到问题的根源，进而解决问题。但探索真相的道路并不是由鲜花铺成的，很可能布满荆棘，需要我们细心观察，勇敢前进。"

随思随想

人生就是一场寻找真相的旅程。方法得当，事半功倍；方法不对，努力白费。方法是成功的关键，是解决问题的金钥匙。正确的方法可以避免浪费时间和精力，使工作和学习更高效，成果更显著。

未晚先投宿
鸡鸣早看天

老话有理

住宿

奶奶说："不做好准备就出发，打无准备的仗，那叫'有勇无谋'。只有做好准备，才能走得更远。无论学习还是工作，都应该提前做好准备和规划。"

随思随想

古人常说："谋定而后动。"准备周全方能提高成功的概率。成功之船需要提前规划航线，做好各种航行预案，才能顺利靠岸。规划意识无论是对个人发展还是对社会进步都起着至关重要的作用。

枕头没选对
越睡人越累

老话有理

奶奶说："选择无处不在，不仅影响你的现在，也影响你的未来。有的时候选择大于努力，要慎重对待每一个选择。"

选择可以帮你确定目标和方向，不同的选择会让你的人生轨迹产生巨大的变化。一个明智的选择可以让自己少走弯路，而一个草率的决定则可能导致失败的结果。面对选择时，要认真思考，以谨慎的态度做出适合自己的决定。

不图便宜不上当
贪图便宜吃大亏

老话有理

奶奶说："天下没有免费的午餐，贪小便宜的都是大'憨憨'！被骗不是因为你运气差、倒霉，而是骗子抓住了你虚荣、贪财及懒惰的缺点，用低成本高回报的骗局诱你'上钩'。"

随思随想

　　所谓"苍蝇不叮无缝的蛋"，有欲望的地方才会有欺骗。骗子都是讲故事的高手，所有的欺骗都是利用了你对"奇迹"的渴望和侥幸的心理。"贪小便宜吃大亏"的道理大家都知道，但在小恩小惠面前，许多人很难保持清醒的头脑和清楚的认知，就很容易上当受骗。

自家的肉不香
人家的菜有味

老话有理

奶奶说："人往往就是这样，总认为别人的东西或别人的生活更好，对自己拥有的东西却不懂得珍惜，失去以后才知道珍贵。"

诗人卞之琳所作《断章》中有言："你站在桥上看风景，看风景人在楼上看你。明月装饰了你的窗子，你装饰了别人的梦。"我们应该珍惜自己已有的，而不是一味地去羡慕别人的生活。每个人都是独一无二的，你可能也是被别人羡慕的对象。

人越嬉越懒 嘴越吃越馋

奶奶说："如果一个人长时间处于闲适、懒散的状态，他就会逐渐失去对事物的热情和动力，变得越来越懒惰。"

过度的安逸和清闲注注会导致人的惰性增长和欲望膨胀。劳动是人生的必修课，只有勤奋努力，才能更好地实现自我价值，保持对生活的热爱。

手里没有米

叫鸡鸡不理

老话有理

奶奶说："手里的'米'既是他人的需求，又是自己的价值。自己不努力，没有本事，谁都可能瞧不起你。你最好的反击不是辩解，而是通过刻苦学习、努力工作，用实力来证明自己。"

　　"苔花如米小，也学牡丹开。"自强不息的人最有魅力。无论你是什么身份，自立自强的精神永远值得他人尊敬。

花香不一定好看
会说不一定能干

老话有理

奶奶说："牡丹花虽是花中之王，却不如小小的茉莉花香。空话好说，实事难做，会说的不如会做的，行动才是硬道理！"

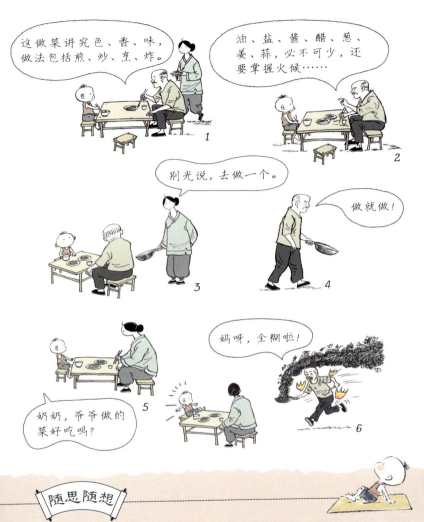

随思随想

《论语·里仁》篇有言："君子欲讷于言而敏于行。"一行胜千言，实干论输赢。外表不能准确反映事物的本质，言语也不能体现一个人的真实能力，只有做事积极、敏捷，做人踏实、谦虚，才能成就一番事业。

好汉不好汉
紧要关头见

奶奶说："有没有真本事，就做几件事情让人看看，是好是坏，大家心中自有分辨。"

1

2

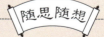

3

随思随想

实践是检验真理的唯一标准。通过实际行动来证明自己的能力和价值，比空洞的言辞更有说服力。一个只会夸夸其谈却从不付诸实践的人，看起来好像非常专业，但其实不过是一个"花架子"。

绊人的桩
不一定高

老话有理

奶奶说:"小事不注意会酿成大祸。比如大多数的火灾就是由日常生活中的一些不良行为习惯引起的。安全隐患就像一颗不定时的炸弹,需要认真排查,及时清除。只有多关注周围环境的安全,发现问题及时解决,才能避免事故的发生。"

随思随想

《韩非子·喻老》有言："千丈之堤，以蝼蚁之穴溃。"即使是微小的细节疏忽，也可能造成严重的后果，在任何情况下都不能忽视潜在的风险和隐患。个人行为中的小错误，如果不及时纠正，就可能将错误积累到无法挽回的地步。

多种树
多种草
自然灾害就会少

奶奶说："地球是我们唯一的家园，保护环境是所有人义不容辞的责任。不爱护环境就会失去我们赖以生存的土壤和空气。草儿绿，鸟儿鸣，人们生活才安宁。"

沙尘暴

1

2

3

4

随思随想

绿水青山才是金山银山，自然生态环境是人类赖以生存和发展的基础。生态文明建设是人类社会文明进步的标志，良好的生态环境是最普惠的民生福祉。保护环境，珍爱地球，让绿色成为地球的永恒底色，让我们共同撑起一片蔚蓝的天空。

人身安全千万天
事故就在
一瞬间

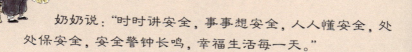

　　奶奶说:"时时讲安全,事事想安全,人人懂安全,处处保安全,安全警钟长鸣,幸福生活每一天。"

手里拿个
锤子
看啥都是
钉子

老话有理

奶奶说："人不能一直抱着固有的观念去生活，应该以开放的心态接纳不同的观点，经常反思并调整自己。只有更好地认识自己、理解他人，人生的道路才会越走越宽。"

　　人类在生产活动过程中会逐渐形成一定的思维定式。一旦陷入这种"惯性思维"就会导致思维僵化、狭隘，忽略其他更合适的途径。只有不断地拓宽视野，打破思维壁垒，用开放的心态应对挑战，我们才能更加迅速地发现问题的本质，提出创新的解决办法。

安全操作
细检查
事故消灭在萌芽

老话有理

奶奶说:"'马后炮'再响也终究晚了一步。安全生产,人命关天。不能等到出了安全生产事故之后,再去反思、问责和整改。"

随思随想

防微杜渐,要把安全生产事故消灭在萌芽状态,把"被动应付"变为"主动防控",只有真正落实"安全第一,预防为主"的原则,才能减少安全事故的发生。

漏缸一条缝
沉船一个洞

老话有理

奶奶说："一针不补，十针难缝。衣服破了本来只需要一针就能补好，但因为没有及时缝补，等到破得严重后，十针都很难补好。小错误不及时弥补，可能会导致非常严重的后果。"

随思随想

注意细节，防患未然。在发现错误或不良风气的苗头的时候就要及时制止，任由坏事发展终会酿成大祸，到那时就悔之晚矣。

看人挑担不费力
自己挑担步步歇

老话有理

奶奶说:"看别人做事情总觉得很简单,有时候还会在旁边冷嘲热讽,等到自己上手后则感到困难重重。凡事不亲身实践是体会不到其中的艰辛的。"

随思随想

人们常常高估自己的能力,对实际操作的复杂性和挑战性认知不够,准备不充分就开始行动,结果事倍功半,甚至失败。只有对自己的能力做出正确的评估,对一件事情具有清晰的认知,才能事半功倍。

　　奶奶说："办法总比困难多，上天给你关上门的同时，也会给你打开一扇窗。人生不是自动售票机，投几个硬币进去立马就能拿到车票。人生这条路浪长，不要害怕速度慢就不去赶路，也不要因为遇到了一点困难就停止前进，而错过前方路上迷人的好风景。"

随思随想

　　俗话说："天无绝人之路。"无论多大的困难，都是有办法解决的。《易经》有言："易穷则变，变则通，通则久。"我们不能钻牛角尖，一条道走到黑，要学会变通，敢于尝试，最终才能到达目的地。

137

舍不得姐姐嫁 哪有外甥回

奶奶说："有舍才有得。世间的万事万物就像手中的沙子，握得越紧失去的越多。学会放手，你才能有所得。"

随思随想

所谓舍得，是要舍小获大、舍妄存真、舍虚取实，做事情有远见。"机不可失，时不再来。"越到关键时刻，越要果断抉择，不让机会溜走。

麻雀当家 叽叽喳喳

老话有理

奶奶说："遇到困难只会吵吵嚷嚷的人是当不了家、成不了事的。家有千口，主事一人。在做重大事项的决策时，要有一个敢于站出来做出确定性、统一性决定的人。"

随思随想

《鬼谷子》有言："成于事而合于计谋，与之为主。"越是情况复杂，无法做出统一的决定时，越是考验一个人智慧的时候。谁能发挥主导作用，引导事态的发展，谁就能脱颖而出。

下了一个蛋
叫了一天半

老话有理

奶奶说:"有点成绩就到处显摆的人,是很让人反感的。"

随思随想

喜欢炫耀是缺乏安全感、自卑的表现。急于得到别人的认可,反而容易暴露出自己内心的匮乏,失去本应得到的认可和尊重。

吃不穷
穿不穷
盘算不到就受穷

老话有理

奶奶说："明日事，今日计。有远见的人都是善于谋划的人，缺乏合理的计划和安排是导致做事失败的根本原因。做好规划，不打无准备的仗，稳步向前，才能兴旺发达。"

随思随想

谋定而后动，规划助成功。规划是前瞻性的思考，帮助我们预见未来可能出现的问题并制定相应的解决方案。只有合理安排时间，统筹资源，提高效率，步步为营，才能在竞争中立于不败之地。

庄稼怕天旱
做事怕蛮干

老话有理

奶奶说："天才和凡人之间隔着一道门，这道门就叫作'方法'。只有找到正确的方法，才能顺利解决问题。人要懂得利用天时、地利、人和等因素制定策略，不能只顾低头拉车，不知抬头看路，凭着自己的喜好蛮干。"

随思随想

方法是解决问题的"金钥匙"，是成功的关键。只有掌握正确的方法，才能取得预期的结果。做事时应避免采取简单、粗暴的方法，而应选择制定更加聪明、灵活的策略。

陆

健康养生

篇

要想腿不老 常踢毽子好

奶奶说："人老腿先老。人老不老，双腿的状态能明显地体现出来。双腿支撑着整个身体，许多运动也都要靠双腿的配合才能完成，我们应该特别重视对双腿的锻炼。"

随思随想

　　腿部健康浪重要，我们可以通过多种多样的运动进行腿部锻炼，如踢毽子。踢毽子的时候需要抬高小腿，促进了腿部血液循环，对增强腿部肌肉力量有着显著效果。

不要攀
不要比
不要自己气自己

老话有理

奶奶说："食物再多，不过一日三餐。房子再大，只能睡一张床，多出来的那些东西都是摆设。为了这些虚设的摆设生气，太傻了！"

生活不是用来比较的。攀比的本质是虚荣，爱攀比的人都活得很累。攀比是自己制造的贫穷，知足是上天赋予的财富。

一日练 一日功 一日不练 十日空

老话有理

奶奶说："读书、练功，都不是一朝一夕就能有所成就的，持之以恒才能奏效。勤学苦练不是为了战胜他人，是为了拥有健康的体魄和美好的生活。"

随思随想

汗水是努力的证明，勤学苦练让生命之花绚烂多彩。《曾国藩家训》有言："勤字功夫，第一贵早起，第二贵有恒。"勤学是成功的基础，苦练是进步的源泉。做事唯有持之以恒，才能取得杰出的成就。

按时睡
按时起
跑步跳舞健身体

老话有理

　　奶奶说："现在生活节奏比较快，很多年轻人的身体都处于亚健康状态。养成早睡、早起、多运动的生活习惯，让身体得到充分休息，精力会更充沛，对身心健康发展也是有好处的。"

随思随想

　　中医有"天人合一"的养生理念，即人的生活习惯应该和自然的节律相协调。不顺应自然规律生活，会增加患病的风险。运动可以促进多巴胺的分泌，保持情绪的乐观、积极和稳定，促进身心健康发展。

懒懒洋洋
好生病
蹦蹦跳跳
筋骨强

老话有理

奶奶说："在运动的时候，大脑和神经系统都会跟着兴奋起来，能够缓解紧张的心情。因此运动能让人拥有好心情，心情好了身体才更好。"

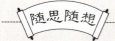
随思随想

运动能够促进人体新陈代谢，加快人体排毒的速度。运动还能让大脑运转速度加快，让人变得更聪明。

心中不急不躁
脸上常带微笑
人生其实很短
开心才最重要

老话有理

奶奶说："开心是有秘诀的，即永远喜欢自己，允许自己被否定，但不会因为别人的评价而自我怀疑。世上没有谁比谁活得更容易，真正厉害的人都在默默努力，没有时间用来发愁、抱怨。"

随思随想

东晋田园诗人陶渊明所作文章《五柳先生传》中有言："不戚戚于贫贱，不汲汲于富贵。"在纷繁复杂的世界中，我们要保持清醒的头脑，要有勇气迎接新的挑战，要用积极的生活态度面对快节奏的生活。遇到事情保持微笑，开心最重要。

心胸宽阔能撑船
健康长寿过百年

奶奶说："比陆地更宽阔的是海洋，比海洋更宽阔的是天空，比天空还要宽阔的是人的胸怀。人来到世上，要用宽阔的心胸去接受生命的恩赐，去经历、去感受、去欣赏一切，去享受生活的美好。"

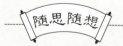

活着本身就是一种美好的体验。心胸宽大的人能够理解他人的需求和感受，善于处理矛盾和冲突，保持良好的心态，从而降低患上疾病的风险。

饥来吃饭
困来即眠
活在当下
烦恼忘掉

老话有理

奶奶说："世间万物就像手里的沙粒，抓得越紧，反而失去得越多。放松心情，顺其自然，让'心'得到充分的休息，才能更好地应对挑战。"

随思随想

生活就像一杯白开水，你每天都在喝。不要羡慕别人喝的饮料有各种颜色，其实未必有你手中的白开水解渴。人是靠随和的心态活着的，不要预支烦恼，珍惜当下。

烦心闲事放一边
睡眠休息为明天

老话有理

奶奶说:"你熬的不是夜,是你的命!在你睡着的时候,地球上每秒钟都有人离开,而明天早上崭新的太阳却在等你。上天对你这样好,还有什么事情值得烦恼!"

随思随想

世间有千种期待,最好的叫"明日可期"。你睡不着不是因为你不困、不累,而是你心事太多、忧思太重。学会放下是一种智慧。

锅碗瓢勺洗得光
不靠佛爷
不烧香

老话有理

　　奶奶说："干净、整洁的生活环境不仅可以防止细菌滋生，还可以提高我们的生活质量。"

随思随想

　　保持勤劳、自信、自立的态度，不断追求进步和完善自己。只有通过自己的努力和奋斗才能获得真正的成功和幸福。

由着肚子穿不上裤子

奶奶说："不加节制地进食，容易导致体重过重，引发各种健康问题。合理的饮食和适当的运动是保持身心健康和幸福生活的秘诀。"

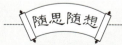 随思随想

保持健康的生活方式，包括合理饮食、适当运动、规律作息等。面对各种诱惑和欲望，要学会自我克制，合理安排时间，避免因沉迷于娱乐活动而影响工作和学习。

睡前泡泡脚
胜过吃补药

老话有理

奶奶说："睡前泡脚是一个很好的养生方法。睡前泡脚能舒筋通络，缓解一天的疲劳，放松身心，还能改善睡眠质量，让我们睡得快、睡得香。"

随思随想

脚底的穴位是身体各个器官的反射区，睡前泡脚有助于刺激脚底穴位，促进身体的新陈代谢。热水还能加快血液流通，从而缓解疲劳，改善夜间睡眠质量。

阳光是个宝

晒晒身体好

老话有理

　　奶奶说："晒太阳能促进钙的吸收。小孩多晒太阳可以预防佝偻病，成年人多晒太阳可以预防骨质疏松。同时，灿烂的阳光也能让人拥有一份好心情。"

随思随想

　　阳光中的紫外线可以促进维生素D的合成，有助于人体对钙和磷的吸收，预防骨质流失导致的骨折、佝偻病、骨软化症等问题。需要注意的是，阳光虽好，但晒的时间也不宜过长，以免紫外线对眼睛和皮肤造成损伤。

苦练日久得心应手

老话有理

奶奶说："一天不练手脚慢，两天不练丢一半，三天不练门外汉，四天不练瞪眼看。世上的事，不管多险多难，只要愿意去做、用心去做，经过长时间刻苦地学习、训练，什么技艺都能被掌握。"

随思随想

技艺达到非常熟练的程度，做起事来才能顺手。人的大脑是记忆的宝库，从"记"到"忆"的过程包括识记、保持、再认或回忆三个基本环节。大脑遗忘的规律是"先快后慢"的，所以及时复习对于巩固记忆非常重要。

不要气 不要恼 气气恼恼人易老

老话有理

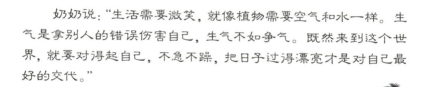

奶奶说:"生活需要微笑,就像植物需要空气和水一样。生气是拿别人的错误伤害自己,生气不如争气。既然来到这个世界,就要对得起自己,不急不躁,把日子过得漂亮才是对自己最好的交代。"

随思随想

生气是一种不良情绪,它会加速脑细胞衰老。我们应该学会控制不良情绪的发展,产生冲突时主动离开争执的环境,通过深呼吸、听音乐、运动等方式让自己冷静下来,再进行自我疏导或找人倾诉,及时将不良情绪释放出去。不快乐的人不是因为拥有的太少,而是因为想要的太多。一个人微笑的时候,整个世界都会爱上他。